Mme BONNAT

LE

JEUNE BOTANISTE

LIBRAIRIE DE J. LEFORT

IMPRIMEUR, ÉDITEUR

LILLE
rue Charles de Muyssart, 24

PARIS
rue des Saints-Pères, 30

LE

JEUNE BOTANISTE

In-8° 3e série.

LE JEUNE BOTANISTE

Plantes qui germez dans la terre, bénissez toutes le Seigneur ! (CANT. DES ENFANTS DANS LA FOURNAISE.)

MADAME BONNAT

LE JEUNE BOTANISTE

QUATRIÈME ÉDITION

Je suis la fleur des champs et le lis des vallées
CANT. II. 1.

LIBRAIRIE DE J. LEFORT
IMPRIMEUR, ÉDITEUR

LILLE
rue Charles de Muyssart, 24

PARIS
rue des Saints-Pères, 30

LE

JEUNE BOTANISTE

Sans entrer dans les détails intéressants qui lient la botanique à la religion, à l'histoire, aux sciences et aux arts, il est aisé de faire juger en peu de mots le charme que les plantes et les fleurs prêtent à la poésie, à l'apologue et à la méditation. Nous aimons les images douces, gracieuses et mélancoliques ; elles portent dans notre âme je ne sais quelle émotion délicieuse, qui lui plaît, lors même qu'elle contraste avec nos passions tumultueuses.

D'ailleurs, notre imagination, quelle que soit son activité, trouve dans les fleurs une éloquence qui la ravit. Leur variété, leur éclat, les attributs qu'on leur prête, les louanges qu'elles ont reçues, les vertus qu'elles inspirent, suffiraient pour la fixer. Mais ce n'est pas tout encore; il est peu de plantes qui ne rappellent une glorieuse histoire ou un touchant souvenir : ainsi le *myosotis*, ou *ne m'oubliez pas*, rappelle un ami malheureux, victime de sa complaisance, et qui mourut en prononçant ces mots. La *rose rouge* et la *rose blanche* rappellent cette fameuse dissension qui affligea si longtemps l'Angleterre, lorsque les deux maisons royales d'York et de Lancastre se disputaient le sceptre de ce royaume. En voyant *un champ de céréales*, on se souvient de l'antique simplicité de Cincinnatus : il laissa avec peine la charrue pour le consulat; et, couronné des lauriers de la victoire, il quitta sans regret la pourpre consulaire pour reprendre le labourage. Les travaux agricoles sont encore honorés par l'usage des empereurs chinois, qui vont chaque année, en grande pompe, tracer eux-mêmes un sillon et semer quelques grains de riz.

Le *chêne* nous rappelle le premier des patriarches, qui reçut sous son ombre hospitalière les trois anges, messagers célestes. Et quel est le Français qui ne se souvienne du saint roi qui rendait la justice à ses peuples sous un chêne ?

Le *cèdre* est illustre par son antiquité et les nombreuses allégories qui s'y rattachent (1) ; *le saule du désert*, par la longue captivité des Hébreux et leurs gémissements sur les bords des fleuves de Babylone (2) ; l'*oranger*, par sa beauté et la fable des Hespérides.

Les druides ont immortalisé le *gui* en le mêlant à leurs barbares cérémonies, comme de nos jours les magiciens modernes ont préconisé la *verveine* en prêtant, à la plus innocente des plantes, des vertus magiques et merveilleuses.

Chez les Grecs, le *dictame* était célèbre : il guérissait toutes les blessures ; chez les Romains, le *laurier* préservait de la foudre ; dans les sombres forêts de la Scandinavie, chaque *sapin* avait son nom et son histoire ; et les harpes aériennes des bardes écossais ont assez fait connaître combien ils appréciaient leurs *chênes* antiques.

De nos jours, le *lis* se rattache aux annales de la France, comme le type de la monarchie hérédi-

(1) Une des plus belles est celle de l'homme superbe :

J'ai vu l'impie adoré sur la terre ;
Pareil au cèdre il cachait dans les cieux
Son front audacieux ;
Il semblait à son gré gouverner le tonnerre,
Foulait aux pieds ses ennemis vaincus.
Je n'ai fait que passer, il n'était déjà plus.

RACINE.

(2) Voyez le psaume *Super flumina*.

taire. Sous la figure symbolique du *palmier*, on représente encore la Judée. Les *roses de Saaron* sont célébrées par les poètes ; la *vallisnérie*, la *sensitive*, la *parnassie*, par les physiologistes.

Les voyageurs parlent du *sassafras*, qui a contribué par son odeur agréable à la découverte de l'Amérique ; du *baobad*, qui sauva la vie de Tournefort[1] ; de l'*ophiose* serpentaire, comme du salut des Indiens[2].

Le *laurier* est encore l'emblème de la victoire ; l'*olivier*, celui de la paix ; l'*hyssope* nous dit d'être modeste ; le *baume*, d'être vertueux ; enfin, chaque plante est pour nous une amie qui tour à tour nous instruit, nous charme et nous console.

MÉDITATION SUR LES FLEURS.

Chaque fleur paraît au moment qui lui a été prescrit. Le Créateur a exactement déterminé le temps où l'une doit développer ses feuilles, l'autre fleurir, une autre se faner. Par cette succession, elles nous donnent une superbe fête, composée de décorations qui se suivent dans un ordre réglé.

Vous avez vu d'abord la perce-neige sortir de

(1) Voyez la Flore médicale, art. Baobad.

(2) Nouveaux voyages aux Indes.

la terre : longtemps avant que les arbres se hasardassent à développer leurs feuilles, elle osa se montrer, et, de toutes les plantes, elle fut la première et la seule qui charma les yeux de l'amateur curieux.

Parut ensuite la fleur du safran, mais timide, parce qu'elle était trop faible pour résister à l'impétuosité des vents. Avec elle se montrèrent l'aimable violette et la brillante primevère.

Ces plantes, et quelques autres sur les montagnes, faisaient l'avant-garde de l'armée des fleurs; et leur arrivée, si agréable par elle-même, avait encore le mérite de nous annoncer la venue prochaine d'une multitude de leurs aimables compagnes.

En effet, nous voyons, après elles, se montrer avec ordre les autres enfants de la nature; chaque mois étale les ornements qui lui sont propres.

La tulipe commence à développer ses feuilles et ses fleurs; bientôt la belle anémone formera un dôme en s'arrondissant; la renoncule déploiera toute sa magnificence et charmera nos yeux par l'heureuse distribution de ses couleurs; les couronnes impériales, les narcisses à bouquets, le muguet, le lilas, l'iris et la jonquille s'empressent à décorer les parterres.

Dans le lointain, les arbres fruitiers mélangent

les couleurs les plus tendres avec la verdure naissante et relèvent de toutes parts la beauté des jardins.

J'aperçois en même temps se développer le feuillage des rosiers : pour tenir le premier rang parmi l'aimable troupe de fleurs, leur reine va s'épanouir et étaler tous les agréments qui la distinguent. Il n'y a personne qui ne soit touché des charmes qu'elle offre à nos regards. Qui peut, sans éprouver une douce émotion, voir une rose entr'ouverte aux rayons du soleil levant, toute brillante des gouttes de rosée dont elle est chargée, et mollement agitée sur sa tige légère par le vent frais du matin? Les lis, les juliennes, les giroflées, les thalpis, les pavots accourent aux ordres de l'été, et l'œillet se montre avec toutes les grâces qui sont propres.

L'automne présente ensuite les pyramidales, les balsamines, les soleils, les tubéreuses, les amaranthes, l'œillet d'Inde, les colchiques, et cent autres espèces. La fête continue sans interruption : Celui qui y préside offre sans cesse de nouvelles beautés, et prévient, par d'agréables changements, les dégoûts inséparables de l'uniformité.

Enfin le triste hiver, ramenant les frimas, couvre d'un noir rideau toute la nature et nous en dérobe le spectacle ; mais, en nous faisant souhaiter le retour de la verdure et des fleurs, il procure quelque repos à la terre épuisée par tant de productions.

Arrêtons-nous ici, et réfléchissons sur les vues de sagesse et de bienfaisance qui se manifestent dans cette succession des fleurs. Si toutes paraissaient en même temps, nous serions privés des plaisirs que procurent ces changements agréables et successifs, qui nous rendent la nature toujours nouvelle; nous serions tantôt dans une excessive abondance, tantôt dans une entière disette : à peine aurions-nous le temps d'observer la moitié de leurs agréments, que nous en serions privés. Mais comme chaque espèce a sa place et son temps marqué, nous pouvons les contempler à notre aise, les examiner, jouir à loisir de leurs charmes, et faire plus ample connaissance avec elles. Si, d'ailleurs, elles ne se montraient pas tour à tour dans la saison qui leur convient, que de fleurs et de plantes périraient exposées, par exemple, aux nuits froides que souvent on éprouve au printemps ! Où tant de millions d'animaux et d'insectes trouveraient-ils leur subsistance, si toutes elles fleurissaient, si toutes elles donnaient leurs fruits à la fois?

Quelle bonté dans le Dieu de la nature, de combler ainsi l'homme de bienfaits sans cesse renaissants, et de ne pas se borner à multiplier ses grâces, mais de les rendre constantes et durables !

Oui, sans doute, il nous conduit par un chemin de fleurs : et partout elles naissent sous nos pas, afin que leur aspect adoucisse et charme en quelque sorte le pèlerinage de cette vie.

Le même ordre dans lequel se suivent les plantes et les fleurs, se remarque aussi dans l'espèce humaine. Chaque homme paraît sur la terre au lieu que l'Etre infiniment sage lui assigne, et dans le temps qu'il a choisi pour son existence. Depuis le commencement du monde, les générations se succèdent régulièrement sur ce vaste théâtre. Des enfants naissent, des hommes croissent, des vieillards sont prêts de retourner dans la poussière ; et, tandis que l'un se prépare à se rendre utile, l'autre a déjà fini son rôle et sort de la scène. Qui sait quand la mort doit m'appeler moi-même?... Ah! puissé-je quitter la vie d'une manière aussi honorable que les fleurs, dont l'existence a répandu tant de charmes dans le cercle étroit où elles étaient renfermées! Elles furent l'ornement des jardins et la joie de ceux qui les possédaient : leur mort a été moins triste parce que leur vie a été agréable et utile. Que les gens de bien me regrettent! qu'ils aiment à se rappeler mon souvenir! qu'ils se disent l'un à l'autre, en pleurant sur ma tombe : Hélas! pourquoi n'a-t-il pas vécu plus longtemps.

(Cousin Despréaux.)

LE BOUQUET

Cueillez, jeunes lecteurs, les fleurs qui naissent sous vos pas ; jouissez des trésors qu'un tendre Père met à votre disposition ; tressez des guirlandes, choisissez vos couronnes : mais veillez surtout à ce que ces dernières ne se flétrissent pas entre vos mains.

Pour moi, je veux avant tout vous donner aussi mon bouquet. Je l'offre à chacun de vous, et désire que l'Auteur de la nature trouve imprimés dans vos cœurs la candeur du lis, la beauté de la rose, la constance de l'immortelle, la simplicité de l'églantine, les agréments de l'œillet, et surtout la modestie de la violette.

QUELQUES FLEURS

L'Amandier.

Très-cultivé dans nos climats, l'amandier est un de nos plus jolis arbres. Il se couvre de fleurs lorsque la nature est encore en deuil, et produit un effet charmant dans nos jardins. Précurseur du printemps, il est aussi l'annonce du bonheur. Mais trop empressé de paraître et de briller, l'amandier n'a souvent qu'un beau jour : il succombe sous l'autan, et sa belle parure se change alors en rameaux flétris et glacés.

Ainsi, souvent une imprudente jeunesse, séduite par l'attrait du plaisir, se hâte de goûter ces fruits qui semblent si doux, et meurt avant d'en jouir.

L'hiver dernier, lorsque de jeunes étourdies se paraient pour le bal avec des fleurs naturelles (1), plusieurs peut-être se couronnèrent des premières fleurs du printemps. Une d'elles, elle fait encore couler nos larmes, se livrait sans remords aux charmes de la danse ; oubliant les conseils de la sagesse, les lois sévères de la modestie chrétienne, et s'enivrant du vain bonheur de plaire, elle consent à valser. Hélas ! Dieu permet qu'elle succombe aux attraits d'un plaisir défendu, et elle meurt dans cet affreux moment.

Comme la branche d'amandier que le froid a saisie, elle ne portera plus ni fleurs ni fruits.

(1) Ceci a été écrit en 1835. La personne dont il est parlé mourut en valsant, dans un bal donné aux Chartrons (quartier de Bx).

L'Acanthe.

Le Nil du vert acanthe admire le feuillage.

L'acanthe se plaît dans les pays chauds, le long des grands fleuves; cependant il croît facilement dans nos climats. On raconte qu'une jeune fille de Corinthe étant morte peu de jours avant un heureux mariage, sa nourrice, désolée, mit dans un panier divers objets que cette jeune fille avait aimés, le plaça près de sa tombe sur un pied d'acanthe, et le couvrit d'une large tuile pour préserver ce qu'il contenait. Au printemps suivant l'acanthe poussa : ses larges feuilles entourèrent le panier ; mais, arrêtées par la tuile, elles se recourbèrent et s'arrondirent vers leur extrémité. Près de là, passa un architecte nommé Callimaque : il admira cette décoration champêtre et résolut d'ajouter à la colonne corinthienne la belle forme qui s'offrait à lui.

L'Armoise.

Armoise, herbe Saint-Jean, tu portes bon encontre.

« Aimable fleur, je n'ai point oublié que tu

» protégeas mon enfance dans ces temps heu-
» reux où ma bonne gouvernante venait, la veille
» de la Saint-Jean, me parer en secret d'une cou-
» ronne d'armoise. En m'embrassant elle me disait :
« Chère enfant, te voilà préservée, par mes soins,
» de tous les malheurs, de toutes souffrances,
» des malins esprits et de la méchanceté des
» hommes. » Je répondais par des caresses à ses
» soins, et mon jeune cœur s'ouvrait à la confiance.
» Ah! que ne puis-je encore, parée d'une simple
» guirlande de fleurs, opposer une innocente su-
» perstition aux douleurs de la vie (1). »

C'est ainsi qu'un aimable auteur nous conte un usage du bon vieil âge, qui s'est perpétué dans nos hameaux.

L'armoise, en latin *artemisia*, doit, dit-on, ce nom à Artémise, épouse de Mausole, roi de Carie. Chez les Grecs, elle était consacrée à Diane, et se nommait *fleur des vierges*. Aujourd'hui elle est encore, dans nos villages, l'herbe Saint-Jean, porte bonheur et délivre des spectres. Parmi les personnes sensées, c'est une herbe utile, fréquemment employée en médecine.

(1) Mme Charlotte Latour.

L'Amaranthe.

Comme elle, nous ne devons pas mourir.

Cette fleur est le dernier présent de l'automne. M. Dubos, après avoir regretté la fuite rapide du printemps, a chanté avec sa grâce ordinaire cette jolie fleur, dont l'aspect nous console des rigueurs de l'hiver :

Je t'aperçois, belle et noble amaranthe !
Tu viens m'offrir, pour charmer mes douleurs,
De ton velours la richesse éclatante ;
Ainsi la main de l'amitié constante,
Quand tout nous fuit, vient essuyer nos pleurs.
Ton doux aspect de ma lyre plaintive
A ranimé les accords languissants :
Dernier tribut de Flore fugitive,
Elle nous lègue avec ta fleur tardive
Le souvenir de ses premiers présents.

La reine Christine, qui voulut s'immortaliser en renonçant au trône pour cultiver les belles-lettres et la philosophie, institua l'ordre des chevaliers de l'Amaranthe.

L'Académie des jeux floraux, de Toulouse, distribue chaque année, pour prix, une amaranthe et une églantine d'or, une violette, un lis et un souci d'argent.

Le Chêne.

ARBRE DES SOUVENIRS.

Comme les anciens patriarches, dont la longévité nous paraît si surprenante, le chêne vit plusieurs siècles, et jusqu'à sa mort conserve sa verdure et tout son agrément. Sa vieillesse même ajoute à son mérite et rattache autour de lui mille tendres souvenirs. Témoin des jeux innocents de l'enfance, il devient le confident solitaire des peines de la vie. Heureux celui dont il voile la vertu!

Habitante d'une petite ville de province, Félicie R... venait d'atteindre sa dix-septième année. On sait qu'à cet âge tout est illusion; la vie se présente comme un bouquet de fleurs : les cueillir, s'en parer, en jouir, telle est souvent toute la philosophie des jeunes personnes.

Félicie pensait différemment. Elevée près d'une mère vertueuse, elle avait sucé de bonne heure les principes d'une solide piété, et si elle se félicita d'avoir terminé ses études, d'avoir obtenu une certaine liberté, ce fut afin de se dévouer à toutes sortes de bonnes œuvres.

Timide et modeste, le séjour de la ville nuisait à son zèle; elle n'y faisait le bien qu'en tremblant. Mais lorsque les beaux jours la conduisaient à la campagne, elle devenait l'apôtre des ignorants, la consolatrice des malheureux, la mère des pauvres; aussi était-elle chérie dans le hameau qu'elle habitait. On se demandait souvent où elle puisait cette ardente charité; et en épiant ses actions, on s'aperçut que, soir et matin, souvent même pendant le jour, elle se dérobait derrière un bosquet; là, à genoux au pied d'un gros chêne, sur l'écorce duquel elle avait gravé une croix, elle adressait à Dieu de longues et ferventes prières.

Elle fut enlevée à sa famille dans le courant de cette même année, par une mort très-prompte, et quelques heures de souffrances suffirent pour terminer sa carrière. Elle prévint sa tendre mère de l'heure fatale qui devait les séparer; et à mesure que le temps s'écoulait, on l'entendait répéter : « Je n'ai plus qu'une heure, un instant, une minute, et le ciel va s'ouvrir. »

Perdue pour la société dont elle eût fait l'agrément, Félicie ne fut point oubliée des indigents qu'elle avait assistés. Au village de Saint-Martin, son nom est encore en bénédiction : le chêne, inspirateur pieux, est encore *le chêne de Félicie*; et cette aimable enfant est proposée pour modèle aux jeunes personnes de son âge.

Le Coquelicot.

Je calme toutes les peines.

Les anciens Grecs, dont la religion était plus poétique que consolante, regardaient le sommeil comme le premier bien de la vie et le grand consolateur de tous les maux, ils en avaient fait une divinité, qu'ils représentaient couronnée de coquelicots, parce que cette fleur contenait, disait-on, un suc narcotique.

Les naturalistes modernes ont placé le coquelicot parmi les béchiques, et n'accordent qu'au pavot somnifère la vertu calmante et assoupissante.

L'Eglantine.

L'églantine est la fleur que j'aime.

Il existe, dans quelques-unes de nos provinces, un ancien abus qui date de plusieurs siècles, et qu'il n'a point encore été possible de déraciner : on l'appelle la mi-carême. Il consiste en une sorte d'orgie qu'on se permet au milieu du carême, comme pour faire trêve au jeûne de quarante jours établi dès les premiers temps de l'Eglise.

Cette coutume anti-religieuse a souvent provoqué le désordre ; une fois elle servit à faire éclater la vertu.

C'était un beau jour de printemps, et une mère de famille, pour procurer à ses enfants une soirée amusante, avait réuni plusieurs jeunes personnes : les jardins devaient être le théâtre des jeux ; et les bosquets à peine feuillés, les salles de réunion.

Déjà la troupe folâtre se dispersait et s'égarait dans les sentiers détournés des massifs, les ris bruyants annonçaient au loin la joie et la folie, lorsque tout à coup l'apparition d'un être surhumain glaça d'effroi nos jeunes étourdies. On s'appelle, on se groupe de loin pour examiner le spectre ambulant, et bientôt l'on reconnaît, en souriant, que sous la grotesque figure qui avait épouvanté, était une bonne *mi-carême* qui venait distribuer à l'assemblée ses paniers pleins de friandises.

La gaieté redoubla, et, aux travers des oranges et des sucreries, une voix propose des travestissements : elle est applaudie ; une seconde parle d'aller au spectacle, et la proposition s'adopte par la majorité.

Pour subvenir aux nouvelles dépenses qu'on se propose, la légère Eugénie ouvre une souscription : elle court de l'une à l'autre, et s'arrête interdite devant Louise, qui n'avait pris aucune part à la délibération précédente.

Louise, à peine âgée de seize ans, avait reçu une éducation chrétienne, et les frivolités du monde n'avaient point encore perverti son cœur. Sous les dehors d'une aimable simplicité, elle dérobait une vertu déjà mûre, et, sans le vouloir, instruisait par son exemple. A la proposition de ses compagnes, elle ne répliqua rien, et se borna à leur présenter un dessin qu'elle venait de terminer et qu'elle se proposait ensuite de lotir en faveur d'une famille indigente. Le dessin, première page d'un album, représentait une églantine au bas de laquelle elle avait écrit, à l'imitation du psaume : *Le plaisir passe comme la fleur des champs.*

Cette image parlante fut plus éloquente que ne l'eût été un long discours. Louise n'eut que quelques mots à ajouter, et les projets furent changés.

Au lieu de profaner un temps consacré à la pénitence par des amusements trop dangereux pour n'être pas coupables, on s'occupa de la pauvre famille, et la soirée se termina par un acte de bienfaisance.

La Fraxinelle.

EMBLÈME DE LA VERTU

La fraxinelle répand une odeur pénétrante analogue à celle du citron, sans être aussi agréable. Cet arôme est dû à l'huile volatile contenue dans les glandes ou vésicules dont cette plante est chargée.

Il résulte, de cette disposition, que la fraxinelle siége, en quelque sorte, au milieu d'un fluide éthéré qui, surtout à l'aurore et vers le crépuscule d'une belle journée d'été, s'enflamme à l'approche d'une bougie allumée et offre le spectacle d'une auréole lumineuse qui n'endommage point la plante.

L'Héliotrope.

Le serpent se cache sous les fleurs.

L'héliotrope, fleur chérie des dames, nous vient du Pérou; elle fut apportée en France par B. Jussieu, en 1740, et cultivée dans les jardins du roi. Un des premiers bouquets de cette fleur fut offert à Marie Leckzinska, épouse de Louis XV.

On sait l'usage qu'en fit cette vertueuse princesse : elle ne l'eut pas plus tôt reçu, qu'elle en forma une couronne dont elle fit hommage à Jésus enfant.

Cette fleur, alors précieuse, est devenue commune, et son mérite est presque anéanti. Je désire qu'elle serve aujourd'hui de type à une leçon que je veux adresser à mes jeunes lecteurs.

Les fleurs ont un langage qu'étudient avec soin les malheureuses victimes du luxe asiatique. Prisonnières perpétuelles, elles se communiquent leurs désirs, leurs chagrins, leurs sentiments, par le moyen d'emblèmes, et les fleurs sont souvent employées,

Plusieurs significations qu'elles leur accordent nous sont parvenues, et nous en citerons plus loin quelques-unes. Mais ce langage, quelque ingénieux qu'il puisse être, doit demeurer étranger à nos jeunes lecteurs.

Ceux-ci doivent admirer dans la nature ce qui en fait l'ornement, pour en rendre grâces à Dieu, et non pour en composer un langage mystérieux opposé à la simplicité de la vraie vertu.

Le Lis.

Il est le roi des fleurs, dont la rose est la reine.

Le lis nous vient de la Syrie; il couronna le front de Salomon, et fut une des premières fleurs consacrées à la gloire du Dieu d'Israël.

Sa beauté a été célébrée par Notre-Seigneur lui-même : *Salomon, dans toute sa magnificence, ne fut jamais vêtu comme l'est un lis*; et, poursuivant avec une admirable bonté cette comparaison, ce tendre Sauveur nous apprend qu'une Providence maternelle veille sur nous et que nos moindres besoins lui sont connus.

Aux premiers siècles de la monarchie, cette fleur devint celle de nos rois. Charlemagne voulait que les lis se trouvassent dans tous ses jardins; Louis VII en plaça sur son écu, sur son sceau, sur sa monnaie; Philippe-Auguste en parsema son étendard; et ce fut Charles V qui en fixa le nombre à trois.

Cette fleur nous rappelle la touchante et pieuse allégorie de saint Louis : il portait une bague sur laquelle il avait fait représenter une croix, des lis, une marguerite, et dans l'intérieur de l'anneau se trouvait cette devise : *Hors ma bague, plus d'amour.*

Ce pieux monarque trouvait, en effet, dans son anneau, l'emblème de tout ce qui lui était cher : DIEU, la France, et son épouse Marguerite d'Anjou.

Le Lilas.

PREMIERS BEAUX JOURS.

Enfants de la nature, liés à son existence, nous éprouvons tour à tour les diverses impressions de ce qui nous entoure, et, sans pouvoir nous en défendre, nous sommes souvent heureux ou malheureux, tristes ou gais, selon les variations de l'atmosphère.

Languissants sous le règne de la canicule, agiles sous le sagittaire, tristes et glacés pendant l'hiver, nous renaissons avec le printemps, et les premières fleurs nous donnent effectivement les premiers beaux jours. Ils durent peu : image de la vie, où l'homme n'a qu'un printemps et ne compte que quelques jours heureux.

On se rappelle, à ce sujet, le testament d'Abdérame III, qui régna sur une des plus belles portions de l'Europe, et dont le nom se conserve encore avec les ruines de ses magnifiques palais. Il vécut de longues années, et, avant de mourir, traça ces mots remarquables : « J'ai régné cinquante ans avec gloire : heureux dans ma famille, aimé de mes sujets, respecté de mes ennemis ; j'ai vu combler tous mes désirs, réussir toutes mes entreprises ; j'ai goûté toutes les jouissances que la fortune, la gloire et la puissance peuvent procurer ; et j'ai calculé les jours où je me suis cru heureux : ils sont au nombre de quatorze. »

Le Laurier.

La gloire mène au triomphe. La vertu conduit au bonheur.

Le laurier, par la beauté de son port, par sa verdure perpétuelle et ses émanations balsamiques, a paru digne aux anciens Grecs d'être consacré au Dieu de la poésie et des arts ; on l'avait également destiné à ceindre le front des vainqueurs.

Au rapport de Pline, on le plantait autour des palais des Césars et des pontifes ; il avait aussi la réputation de garantir de la foudre les têtes couronnées de ses rameaux ; et l'empereur Tibère, dans les temps d'orage, y cherchait un abri contre les effets du tonnerre.

La couronne de laurier, symbole de la victoire, était la récompense des jeux olympiques de la Grèce. Dans le moyen âge, elle a servi dans nos universités à couronner les poëtes, les artistes et les savants distingués par de grands succès. Celle qui ceignit longtemps, dans nos écoles de médecine, la tête des jeunes docteurs, devait être faite avec les rameaux de cet arbre garnis de leurs fruits, *baccæ laurei*, ainsi que l'indiquent les titres de *bachelier*, *baccalauréat*, qu'on est étonné de voir renaître au XIXe siècle, où tout se renouvelle.

La petite Marguerite.

Heureux le cœur où règne l'innocence.

Cette petite fleur charmante, une des premières qui parent nos vergers, est connue de tout le monde. Il n'est pas un enfant qui n'en ait formé un bouquet ou tressé une guirlande. Je l'ai vue devenir le symbole de la fidélité.

Un père de famille, à qui la Providence avait accordé de la fortune et d'aimables enfants, perdit, tout jeune encore, le premier de tous ses biens, une épouse qu'il chérissait tendrement. Peu après, sa fortune lui fut enlevée, et il eut encore le chagrin de voir tous ses enfants malheureux.

Résigné comme un chrétien qui a placé son espérance en Dieu, il supporta ces divers coups sans murmurer. Cependant son cœur ne s'ouvrait plus à la joie; l'hiver se passait sans un sourire, et en le voyant, on se disait : « Il est malheureux. » Au printemps, quand la marguerite entr'ouvrait sa corolle, sa physionomie changeait d'expression : un doux souvenir lui rappelait les jours de son bonheur, on eût dit qu'un ange consolateur lui était apparu. Souvent il portait cette fleur chérie à sa boutonnière; et ses amis, ayant deviné son emblème, sachant qu'elle lui retraçait le nom, les grâces et la touchante simplicité de son épouse, l'appelèrent *fleur de la fidélité.*

Le Myrthe.

Les bords de la Loire et de la Saône ont été souvent célébrés; ont-ils plus de mérites que les rives charmantes de la Mayenne? Des sites riants, une riche végétation, une sorte d'opulence agricole rendent ces bords délicieux ; et ce qui en augmente le charme, ce sont les mœurs pures et simples de ses habitants.

On y retrouve des vertus partriarcales qui se perpétuent d'âge en âge, comme pour apprendre au monde étonné que la vertu a des délices cachées, préférables à tout le faux prestige de la fortune et des grandeurs. Il en est une surtout dont le souvenir ne s'effacera jamais de mon cœur : celle de consacrer les plus belles époques de la vie par des bouquets de fleurs.

Ces bouquets. après avoir servi d'ornement, se suspendent aux murs noircis de l'habitation ; et c'est ainsi qu'on trouve dans l'intérieur des chaumières la nomenclature des beaux jours qui ont parsemé la vie de ces heureux mortels.

Dans une de ces vertueuses familles, deux enfants, le frère et la sœur, furent admis en même temps, et pour la première fois, au banquet eucharistique. Ce jour de bonheur, si ardemment désiré, et pour lequel on s'était préparé avec soin, fut un jour de bénédiction. Il est si doux à des cœurs purs de s'unir à Dieu dans la sainte communion, qu'il est impossible de peindre cette jouissance, aussi distante de nos satisfactions terrestres que le ciel est éloigné de la terre. La mère de ces heureux enfants, en les parant pour le saint sacrifice, n'oublia ni la modestie de leur état, ni le bouquet de fête : il fut composé, cette fois, de myrthe, de roses et d'œillets.

Les saintes et augustes cérémonies de ce beau jour étant terminées, les enfants revinrent à la demeure paternelle et reçurent les tendres caresses de leurs parents.

« Vos fleurs vont se faner, dit l'aïeul en les bénissant : qu'il n'en soit pas de même de votre ferveur ; qu'elle croisse et affermisse votre vertu aussi longtemps que le myrthe de votre bouquet conservera sa fraîcheur. »

Les enfants, étonnés, se regardèrent, et le vieillard ajouta, en souriant :

« Mettez en terre les deux branches de myrthe, elles porteront des fleurs et des fruits en tout temps. J'espère du Seigneur la même grâce pour mes enfants. »

La prédiction du bon père se vérifia. Les myrthes crûrent, ainsi que la piété des enfants. Fortifiés par les bons exemples de leurs parents, la vertu de ces bons enfants ne se démentit pas. La mort ayant enlevé les soutiens de cette famille, les deux enfants redoublèrent de zèle pour assurer le bonheur de leur mère ; et, pour subvenir aux nécessités de la vieillesse et de la maladie, ils furent obligés de faire le sacrifice de leurs arbustes chéris.

Vendus chèrement à un amateur, j'ai vu ces deux myrthes embellir sa demeure. La vertu est toujours le partage de leurs premiers possesseurs.

L'Œillet.

Je paie les soins qu'on me donne.

Tout le monde sait que lorsque Melle de Scudéry visita Vincennes, on lui montra des œillets que le grand Condé s'était plu à cultiver pendant les jours de sa captivité, et qu'une heureuse inspiration lui fit dire agréablement :

En voyant ces œillets qu'un illustre guerrier
Arrosa d'une main qui gagnait des batailles,
Souviens-toi qu'Apollon bâtissait des murailles,
Et ne t'étonne plus que Mars soit jardinier.

L'Oranger.

Donnez, donnez, et Dieu vous bénira.

Toujours couvert de fleurs, de fruits et de verdure, l'oranger est semblable à un ami généreux qui prodigue ses bienfaits.

Son éducation est difficile, par suite des accidents

auxquels il est sujet; mais s'il dépasse ses premières et terribles années, il vit des siècles. On cite, comme une preuve de la longévité de ces arbres, celui qui fut saisi en 1523 avec les meubles du connétable de Bourbon; il était déjà en France le plus bel arbre de son espèce, et on le croyait âgé de soixante-dix ans. Il a brillé longtemps à Versailles; il aurait actuellement trois cent-soixante-dix-neuf ans.

On montre, à Fontainebleau, plusieurs orangers qui étaient très-beaux du temps de François 1er; on en voit à Choisy, qui ont appartenu à Catherine de Médicis.

On a donné le nom d'orangerie aux serres qui abritent en hiver les plantes exotiques, et l'on en a fait souvent des lieux de délices.

Vers l'an 1780, lorsque le superbe Potemkin occupait le second poste de l'empire russe, il voulut donner à sa souveraine, Catherine II, un festin digne d'elle, et rassembla dans ses orangeries les plus belles fleurs et les meilleurs fruits de toutes les parties du monde : la cerise, l'ananas, l'abricot, la banane, le raisin et l'orange mûrirent exprès pour cette princesse, qui put un instant se croire transportée dans un pays magique, et rêver le bonheur sous les berceaux de myrthes et de magnolias.

Le repas fut d'une somptuosité sans égale; l'histoire n'en a pas conservé le détail, mais elle nous a transmis que le seul potage coûta 30,000 francs, et cette particularité doit faire juger du reste.

Le Chardon-Cardère.

> Aux petits des oiseaux il donne leur pâture,
> Et sa bonté s'étend sur toute la nature.
>
> RACINE.

Si, dans un lieu désert, pierreux, aride, vous rencontrez le chardon-cardère, mes chers enfants, ne croyez point que cet humble végétal a été relégué sur les rocs brûlés par le soleil parce que sa fleur était indigne d'orner un parterre : non; la main divine qui jette des moissons de roses dans vos jardins, sème le chardon au désert pour des êtres charmants, protégés du Ciel comme vous.

Remarquez ces feuilles qui embrassent la tige du chardon-cardère et se réunissent en forme de coupe : elles gardent l'eau de pluie et présentent aux oiseaux l'abreuvoir qui leur manque au milieu de cette plaine sablonneuse. Le réceptacle des fleurs, hérissé de piquants et formant la brosse naturelle dont se servent les bonnetiers, contient des graines, défendues contre les insectes par les dards aigus de la plante : c'est un magasin de vivres à peu de distance de l'abreuvoir. Ces graines sont enveloppées d'un soyeux duvet avec lequel un petit favori de la Providence garnit l'intérieur de son nid.

Quelle tendre prévoyance a rassemblé, dans le même végétal, tout ce qui pouvait être utile à un habitant de l'air? N'est-il pas juste que le chardon, instrument de la charité céleste, après avoir nourri ceux qui avaient faim, abreuvé ceux qui avaient soif, et logé d'aimables petits pèlerins, leur ait fait donner le nom de *chardonnerets?*

La Rose.

ELLE NE VIT QU'UN JOUR.

Fleur chère à tous les cœurs, elle pare à la fois
Et le chaume du pauvre et le palais des rois ;
Elle orne tous les ans la beauté la plus sage ;
Le prix de l'innocence en est aussi l'image.

BOISJOLIN.

A cette fleur charmante se rattachent ordinairement les images les plus douces et les plus riantes. C'est la reine de nos jardins, l'emblème de la beauté, le symbole du bonheur : en poésie, elle couronne les jeux, les ris et les plaisirs; elle est l'ornement de nos fêtes; elle se jette sur nos tombeaux; mais sa plus noble destinée est de récompenser la vertu ou de joncher les lieux que doit parcourir notre divin Sauveur. Sans doute l'Eglise a aimé de placer le triomphe de l'adorable Eucharistie dans la saison des roses. Il était juste que la plus belle de nos fleurs contribuât à la pompe de la plus auguste de nos cérémonies.

Quel est ce grand concours? et quel empressement
Entraîne tout un peuple aux pieds du Dieu vivant?
Pourquoi ces pavillons, ces bannières flottantes,
Ces flambeaux, ces tapis, ces fleurs, ces riches tentes?
Et ces hymnes divers dont le sacré refrain
Semble éveiller le bruit du bronze et de l'airain?
Ah! c'est de l'Homme-Dieu la fête solennelle,
Que tous les ans l'Eglise en ce jour renouvelle.
Sous un dais rayonnant de prêtres entouré,
Il daigne se montrer hors du parvis sacré,
D'un pas majestueux, lentement il s'avance;
La trompette sonore annonce sa présence :
Des milliers de chrétiens à cet auguste aspect,
Tombent à ses genoux, saisis d'un saint respect.
Dans les airs parfumés l'encens monte en nuage;
Un chœur nombreux d'enfants vole sur son passage,
Et vêtus d'un lin blanc, symbole de leurs cœurs,
Ils signalent sa marche en lui jetant des fleurs.
C'est à travers les flots d'une foule innombrable,
Et dans cet appareil pompeux et respectable,
Que ce Dieu de grandeur traverse la cité.
Mais toujours admirable en sa simplicité,

Plutôt que les palais, il bénit les chaumières;
Et, du pauvre et du riche accueillant les prières
Et les dons différents, sa main ouvre sur eux
Les trésors de la terre et les trésors des cieux.

LES ROSES DE M. DE MALESHERBES

ANECDOTE.

M. Lamoignon de Malesherbes avait coutume de passer tous les ans, au beau château de Verneuil, près Versailles, une partie de l'été, pour se délasser des fonctions importantes qui lui étaient confiées.

Parmi les occupations auxquelles se livrait cet homme célèbre, la culture des fleurs était celle à laquelle il s'adonnait particulièrement. Il prenait surtout le plus grand plaisir à soigner un bosquet de rosiers qu'il avait planté lui-même dans une demi-lune de bois taillis, formant remise de chasse, qui se trouvait près du village de Verneuil.

De tous les rosiers qu'avait plantés M. de Malesherbes, aucun n'avait trompé son espérance. Des buissons de roses de différentes espèces, formant, dans ce lieu agreste et solitaire, un contraste frappant avec les arbustes sauvages dont ils étaient environnés, attiraient tous les regards et produisaient une sensation aussi agréable qu'imprévue.

L'heureux cultivateur de ce bosquet charmant ne pouvait, malgré sa touchante modestie, s'empêcher d'être fier de ses succès. Il en parlait à tous ceux qui venaient au château de Verneuil, et il les conduisait à ce qu'il appelait *sa solitude*.

Il avait formé de ses mains un joli banc de gazon, et construit, avec de la terre et des branches d'arbres, une grotte où tantôt il se mettait à l'abri de la pluie, tantôt préservait sa tête sexagénaire des rayons brûlants du soleil.

C'est là que, Plutarque à la main, sa lecture favorite, il réfléchissait en paix sur les vicissitudes humaines, et récapitulait les événements qui avaient rempli sa carrière.

« Mais voyez donc, disait-il à toutes les personnes qu'il conduisait à cette solitude, comme tous ces rosiers sont frais et touffus ! Ceux des jardins somptueux et les mieux cultivés n'ont pas des fleurs plus belles et plus abondantes. Ce qui m'étonne surtout, ajoutait-il avec transport, c'est que depuis plusieurs années que je cultive ces rosiers, je n'en ai pas perdu un seul ; jamais jardinier, quelqu'habile qu'il fût, n'eut la main plus heureuse que moi ; aussi m'appelle-t-on dans ce village *Lamoignon les Roses*, pour me distinguer de tous ceux de ma famille qui portent le même nom. »

Un jour que M. de Malesherbes s'était levé plus

tôt qu'à l'ordinaire, il se rendit à son bosquet chéri bien avant le lever du soleil. C'était vers la moitié du mois de juin, à peu près à l'époque du solstice, où les jours sont les plus longs de l'année. La matinée était délicieuse ; un vent frais et une abondante rosée rafraîchissaient la terre desséchée par la chaleur de la veille. Les chants variés de mille et mille oiseaux formaient un concert ravissant que les échos multipliaient à l'infini et répétaient dans les montagnes. Les prairies émaillées, les plantes aromatiques et la vigne en fleurs remplissaient l'atmosphère d'un parfum délicieux.... En un mot, le printemps régnait encore, et l'été commençait à paraître. M. de Malesherbes, assis près de sa grotte, contemplait avec respect ce calme heureux d'une matinée des champs, ce réveil enchanteur de la nature.

Soudain, un bruit léger se fait entendre. Il croit d'abord que c'est la marche de quelque biche ou de quelque faon timide qui traverse le bois ; il regarde, examine, et aperçoit à travers le feuillage une jeune fille, qui, revenant de Verneuil, un pot au lait sur la tête, s'arrête devant une fontaine, y puise l'eau dont elle remplit sa cruche, s'avance jusqu'au bosquet, l'arrose, retourne plusieurs fois à la fontaine, et par ce moyen dépose au pied de chaque rosier une quantité d'eau suffisante pour les ranimer tous.

Le magistrat, qui, pendant ce temps, s'était tapi sur son banc de verdure pour ne pas interrompre la jeune laitière, la suivait des yeux avec avidité, ne sachant à quoi attribuer les soins empressés qu'elle donnait à ses rosiers.

Cependant l'émotion et la curiosité attirèrent, malgré lui, le naturaliste vers la jeune inconnue, au moment où elle déposait, au pied d'un rosier blanc, sa dernière cruchée d'eau.

Celle-ci, tressaillant, jette un cri de surprise à la vue de M. de Malesherbes, qui l'aborde aussitôt et lui demande qui lui a donné ordre d'arroser ainsi tout ce bosquet.

« Oh! monseigneur, dit la jeune fille toute tremblante, j'n'ons que d'bonnes intentions, j'vous assure; j'ne suis pas la seule d'ces cantons..... et c'est aujourd'hui mon tour.

— Comment, votre tour?

— Oui, Monseigneur; c'était hier à Lise, et c'est demain à Perrette.

— Expliquez-vous, jeune fille; je ne vous comprends pas.

— Puisque vous m'avez prise sur l'fait, j'ne pouvons plus vous en faire mystère; aussi ben, j'ne voyons pas qu'ça puisse tant vous fâcher... Vous saurez donc, Monseigneur, qu'vous ayant vu, d'nos champs, planter vous-même et soigner ces beaux rosiers, j'nous sommes dit, dans tous les hameaux des environs : « Faut prouver à celui qui répand chaque jour tant d'bienfaits parmi nous, et qui sait honorer si bien l'agriculture, qu'il n'a pas affaire à des ingrats ; et puisqu'il se plaît tant à cultiver des fleurs, faut l'aider sans qu'il s'en doute. Pour ça, toute jeune fille âgée d'quinze ans s'ra t'nue, chacune à son tour, rev'nant d'porter son lait à Verneuil, d'puiser l'eau à la fontaine qu'est ici près, et d'arroser tous les matins, avant le l'ver du soleil, les rosiers d'not'ami, d'not'père à tous. » D'puis quatre ans, monseigneur, j'n'avons pas manqué à c'devoir, et j'vous dirai même qu'c'est à qui d'nos jeunes filles atteindra sa quinzième année, pour avoir l'honneur d'arroser et d'soigner les roses de M. de Malesherbes. »

Ce récit naïf et touchant fit une vive impression sur le ministre. « Je ne m'étonne plus, se disait-il avec ravissement, si mes rosiers sont si beaux !... »

Depuis la mort cruelle et prématurée (1) de cet homme célèbre, on n'a pas cessé de cultiver le bosquet que planta sa main bienfaisante ; et c'est encore à qui respectera *les roses de M. de Malesherbes*.

(1) M. de Malesherbes périt sur l'échafaud, en avril 1794. Il avait malheureusement, pendant son administration, commis bien des fautes, dont il fut une des plus illustres victimes.

Le Souci.

FLEUR DE LA TRISTESSE.

Tout le monde connaît cette fleur dorée qui est l'emblème des peines de l'âme.

Dédaignée dans nos jardins, elle est abondamment parsemée sur la surface du globe, et offre à l'observateur plusieurs singularités remarquables.

On la voit fleurir toute l'année : c'est pourquoi les Romains l'appelaient *fleur des calendes*, ou de tous les mois. Ses fleurs ne sont ouvertes que depuis neuf heures du matin jusqu'à trois heures de l'après-midi ; elles se tournent toujours vers le soleil, et laissent échapper, dans l'obscurité, des étincelles électriques, comme la capucine. On lui trouve encore une vertu hygrométrique : elle annonce les orages, et les paysans disent : *Elle aime la pluie.*

Marguerite d'Orléans, aïeule de Henri IV, avait pour devise un souci se tournant vers le soleil, et pour âme : *Je ne veux suivre que lui seul.* Cette vertueuse princesse entendait, par cette devise, que toutes ses pensées, toutes ses affections se tournaient vers le ciel, comme la fleur du souci vers le soleil.

Souci simple et modeste, à la cour de Cypris,
En vain sur toi la rose obtient toujours le prix.
Ta fleur, moins célébrée, a pour moi plus de charmes :
L'aurore te forma de ses plus douces larmes.
Dédaignant des cités les jardins fastueux,
Tu te plais dans les champs, aimé des malheureux ;
Tu portes dans les cœurs ta douce rêverie ;
Ton éclat plaît toujours à la mélancolie;
Et le sage Indien, pleurant sur un cercueil,
De tes fraîches couleurs peint ses habits en deuil.

MICHAUD.

Le Saule pleureur.

OU DE BABYLONE.

Nous suspendîmes nos cythares aux saules du désert.

On suppose gracieusement que le saule dont nous parlons pleure toujours sa patrie, et qu'il ne peut se consoler loin d'elle. On en a fait l'arbre des regrets, et on l'associe au cyprès pour l'ornement des mausolées.

Oui, de tous les maux de la vie,
L'absence est le plus douloureux.
Voilà pourquoi ces arbres malheureux
Sont consacrés à la mélancolie.

Saule cher et sacré, le deuil est ton partage :
Sois l'arbre des regrets et l'asile des pleurs;
Tel qu'un fidèle ami, sous ton discret ombrage,
Accueille et voile nos douleurs.

L. A. MARTIN.

Le Tournesol des jardiniers.

L'AMBITIEUX L'IMITE.

Le tournesol nous vient du Pérou, où ses fleurs étaient honorées comme les images de l'astre du jour. Les vierges du soleil, dans leurs fêtes religieuses, portaient une couronne d'or qui représentait cette fleur immense, qui étincelait encore dans leurs mains et sur leurs poitrines.

Les Espagnols, étonnés de ce luxe, le furent bien davantage lorsqu'ils virent des champs entiers de maïs et de tournesols imités avec tant d'art, que l'or dont ils étaient faits fut ce qui parut le moins admirable à ces avides conquérants.

A cet éclat de l'or, opposons la leçon qui fut faite à un sage.

On raconte que Pythès, riche Lydien, possédant plusieurs mines d'or, négligea la culture de ses terres pour s'occuper uniquement de l'extraction de ses mines. Sa femme, qui était pleine de sagesse et de bonté, lui fit un jour servir un souper dont tous les plats étaient d'or.

« Je vous donne, lui dit-elle, la seule chose que vous cultiviez ; on ne peut recueillir que ce que l'on sème. »

Pythès comprit la leçon qui lui était adressée ; et, méprisant un bien qui nous rend avares et souvent injustes, il s'attacha à l'étude de la vertu et consacra ses richesses à faire des heureux.

Le Violier.

FIDÈLE AU MALHEUR.

Cette aimable fleur, la violette des murailles, aime les vieux murs, et croît sans culture sur les chaumières et les tombeaux.

Lorsque la terreur régnait sur la France, une population effrénée se précipita vers l'abbaye de Saint-Denis pour jeter au vent les cendres de nos rois. Ces malheureux, après avoir brisé les marbres sacrés, comme effrayés de leur sacrilége, allèrent en cacher les débris derrière le chœur de l'église, dans une cour obscure où la révolution les oublia.

Un poëte, en allant visiter ce triste lieu, le trouva tout brillant d'une décoration inattendue :

les fleurs de la giroflée jaune couvraient ces murs isolés, et cette plante répandait des parfums si doux dans cette religieuse enceinte, qu'on eût dit qu'un pieux encens s'élevait vers le Ciel. A cette vue, le poëte s'écria :

Mais quelle est cette fleur que son instinct pieux,
Sur l'aile du zéphir, amène dans ces lieux?
Quoi! tu quittes le temple où vivent tes racines,
Sensible giroflée, amante des ruines,
Et ton tribut fidèle accompagne nos rois?
Ah! puisque la terreur a courbé sous ses lois
Du lis infortuné la tige souveraine,
Que nos jardins en deuil te choisissent pour reine;
Triomphe sans rivale, et que ta sainte fleur
Croisse pour le tombeau, la tombe et le malheur.

TRENEUIL.

La Violette.

EMBLÈME DU MÉRITE, ELLE AIME A SE CACHER.

L'obscure violette, amante des gazons,
Aux pleurs de la rosée entremêlant ses dons,
Semble vouloir cacher, sous leurs voiles propices,
D'un pudique parfum les discrètes délices.
Pur emblème d'un cœur qui répand en secret
Sur le malheur timide un modeste bienfait.

BOISJOLIN.

L'on doit à la violette un savant botaniste, Jean

Bertram, cultivateur dans la Pensilvanie. Cet homme, se livrant au labourage, rencontra une touffe de violettes; il en cueillit les fleurs, et cette circonstance décida du reste de sa vie. Il trouva une telle jouissance à examiner les moindres particularités de son bouquet, qu'il s'attacha à l'étude des plantes et devint botaniste.

En 1815, lorsque Bonaparte aborda le sol français, il avait un bouquet de violettes qu'il distribua à ses amis : bientôt cette fleur devint le signe du ralliement et servit souvent ses intérêts. Plus tard, lorsque Bonaparte n'eut plus à Sainte-Hélène que ses souvenirs, la violette croissait autour de sa demeure et il aimait à la cultiver lui-même.

Une grand'maman, qui voulait instruire sa petite-fille tout en l'amusant, lui adressait cette leçon :

Vois, à travers cette épaisse verdure,
La violette éviter ton regard;
Son parfum charme, embellit la nature,
Et cependant elle vit à l'écart.
Imite-la; sois modeste comme elle,
Secours la veuve, assiste l'orphelin;
Et, si tu veux paraître encor plus belle,
Aux malheureux cache toujours ta main.

Terminons l'éloge de la plus modeste des fleurs par ces vers empruntés à la gracieuse romance de M. Dubos :

Aimable fille du printemps,
Timide amante des bocages,
Ton doux parfum charme mes sens,
Et tu sembles fuir mes hommages.

Semblable au bienfaiteur discret
Dont la main secourt l'indigence,
Tu nous présentes le bienfait
Et tu crains la reconnaissance.

Sans faste, sans admirateur,
Tu vis obscure, abandonnée,
Et l'œil cherche encore ta fleur
Quand l'odorat l'a devinée.

Pourquoi tes modestes couleurs
Au jour n'osent-elles paraître?
Auprès de la reine des fleurs
Tu crains de l'éclipser peut-être?

Viens prendre place en nos jardins,
Quitte ce séjour solitaire,
Je te promets tous les matins
Une onde pure et salutaire.

Que dis-je! non, dans ces bosquets
Reste, violette chérie;
Heureux qui répand des bienfaits
Et comme toi cache sa vie

L'HERBIER.

Au premier coup-d'œil, rien ne paraît facile comme la conservation des plantes desséchées, et cependant rien n'est plus rare que de trouver un herbier en bon état. Il exige beaucoup de soins, non-seulement pour son arrangement, mais encore pour le préserver des attaques des insectes destructeurs. L'amateur ne doit jamais se lasser de le visiter et de réparer tous les mois au moins les dégâts qu'ils pourraient y avoir faits.

Lorsqu'on va herboriser pour se faire un herbier, on doit choisir l'instant où le soleil a essuyé la rosée qui humecte les différentes parties des fleurs. En les cueillant, il faudra autant que possible choisir des échantillons qui posséderont tous les caractères génériques et spécifiques, c'est-à-dire, fleurs et fruits, tige, feuilles et racines. Cependant, comme la grosseur des individus rend très-souvent la chose impossible, on peut, dans ce cas, se contenter de la fleur avec quelques feuilles et un morceau de tige ou de branche; si la branche est ligneuse, on fera une incision longitudinale tout le long; on écartera l'écorce en la détachant du bois que l'on enlèvera avec la pointe d'un canif; mais on attendra, pour faire cette opération, que l'on soit arrivé chez soi.

A mesure que l'on recueillera les plantes, on doit les déposer dans une boîte de fer-blanc, avec la précaution de tourner toutes les racines du même côté ; elles s'y conservent très-bien et même plusieurs jours sans se faner.

Si l'herborisation s'étendait à une grande distance, et que l'on dût ne rentrer chez soi qu'au bout de quelques jours, on aurait le soin d'envelopper la racine de la plante, que l'on veut conserver dans toute sa fraîcheur, avec un peu de mousse que l'on humecterait tous les soirs. Par ce moyen bien simple, j'ai conservé pendant quinze jours des fleurs très-délicates dans tout leur éclat.

Arrivé chez soi, on se procurera un bon nombre de feuilles de papier gris sans colle ; on en placera cinq ou six sur un carton solide et bien uni, et l'on étendra une fleur dessus. Pour lui conserver une bonne attitude, on placera sur chacune de ses parties, à mesure qu'on les développera, de petites plaques ou pièces de cuivre. On les y laissera jusqu'à ce que la plante soit fanée et conserve son attitude sans être contrainte. Alors, on enlèvera les plaques de cuivre, et on la couvrira de cinq ou six doubles feuilles de papier gris.

On la mettra légèrement en presse, et on l'y laissera vingt-quatre heures.

Si l'on n'avait pas de presse faite exprès pour cela, on pourrait la remplacer par le moyen d'une planche bien unie que l'on mettrait dessus et que l'on chargerait d'un corps lourd. Il faut que la plante ne soit pas assez pressée, le premier jour, pour être détériorée dans ses parties délicates et charnues.

Le lendemain, on regardera, et l'on remplacera par d'autres les feuilles de papier qui se seront emparées de son humidité. On étendra les pétales ou les feuilles qui auraient pris un faux pli ou qui se seraient crispées, et l'on remettra sous presse en serrant davantage.

Chaque jour on fera la même opération, en augmentant toujours la pression jusqu'à parfaite dessication ; alors, avec un pinceau doux et fin, on passera sur toutes ses parties une couche de la liqueur de sir Smith ; et lorsqu'elle sera sèche, on la placera sur une feuille épaisse de papier blanc ; on l'y fixera à demeure, par le moyen de petites bandelettes de papier que l'on collera avec de la colle à bouche, et sur une desquelles on écrira le nom du genre et de l'espèce.

Lorsqu'on aura un assez grand nombre de végétaux ainsi préparés, on les réunira en un cahier que l'on mettra encore pendant deux jours sous la presse.

Je crois inutile d'entrer dans des détails relativement au format que l'on doit donner à ces herbiers : le goût et l'intelligence en apprendront plus à l'amateur que tout ce qu'on pourrait lui dire ; je dois seulement faire observer que plus la dessication des fleurs sera rapide, moins elles perdront leurs couleurs et plus leur conservation sera facile.

On ne doit jamais déposer un herbier dans un endroit humide, sous peine de le voir se gâter en peu de temps.

Il existe des plantes qui se dessèchent difficilement, comme les sedums, les orchis ; d'autres, qu'il faut se hâter de placer sur les feuilles où elles doivent être fixées, comme certaines algues, certains fucus ; d'autres, enfin, qu'on ne peut soumettre en aucune sorte à la dessication, comme les champignons, et qui se conservent à la manière des quadrupèdes ovipares ; l'expérience les fera connaître, et avec un peu d'attention, on atteindra promptement l'art de les conserver.

BOITARD.

Aux jeux de la nature joignez encore les vôtres.

La couleur des fleurs varie entre les mains des

physiciens; je révèle ici quelques-uns de leurs secrets.

Rose changeante. — Prenez une rose rouge ordinaire et entièrement épanouie ; exposez-la à la vapeur du soufre en combustion, elle deviendra blanche ; placez-la ensuite dans l'eau, au bout de quelques heures elle reprendra sa couleur.

Violettes changeantes. — Pour colorer une violette en rouge, mouillez-la et exposez-la à la vapeur du gaz acide hydrochlorique ; celle qu'on veut rendre verte, à la vapeur de l'ammoniaque; celle qu'on veut rendre blanche, à l'action du chlore.

On obtient le même effet en les trempant dans des solutions acides ou alcalines, ou bien dans des chlorures.

Les hyacinthes bleues et autres fleurs délicates varient leurs couleurs par les mêmes procédés.

Avec les feuilles du rosier dont les ramifications sont extérieures et apparentes, on peut dessiner des guirlandes ou des bouquets en prenant leurs empreintes ; ce qui se fait ainsi : les feuilles légèrement gommées se saupoudrent d'une poudre de couleur quelconque et s'arrangent ensuite sur le papier dans la disposition adoptée ; on place le tout sous une presse, et on l'en retire après quelques instants.

On a appelé ce jeu : *lithographie en trois minutes*. Peut-être pourrait-on, en étudiant ce procédé, dessiner toutes les feuilles d'après nature, et même plusieurs plantes en entier. On suppléerait par là à l'herbier ou à l'album.

On sait qu'avec les feuilles de chêne on s'amuse quelquefois à former des chiffres ou des dessins sur une espèce de réseau. Ce jeu, auquel un bel esprit avait donné le nom fastueux de *foliomanie*, consiste à fixer sur une feuille, avec du papier découpé, le dessin que l'on désire conserver en plein ; puis, avec une brosse, ou de toute autre manière, on enlève le parenchyme de la feuille sur toutes les parties découvertes.

Cet amusement peut servir d'étude pour examiner la structure des feuilles et leurs nombreuses ramifications.

LA FLEUR ET LA VIE.

Fleur mourante et solitaire,
Qui fus l'honneur du vallon,
Tes débris jonchent la terre,
Dispersés par l'aquilon.

La même faux nous moissonne,
Nous cédons au même Dieu :
Une feuille t'abandonne,
Un plaisir nous dit adieu.

L'homme perdant sa chimère,
Se demande avec douleur
Quelle est la plus éphémère,
De la vie ou de la fleur?

LA BONNE COMPAGNIE.

La renoncule, un jour, dans un bouquet,
Avec l'œillet se trouva réunie;
Elle eut, le lendemain, le parfum de l'œillet...
On ne peut que gagner en bonne compagnie.

L'EXIL.

Ton écorce n'a plus d'odeur;
Ta feuille, hélas! paraît flétrie;
Bel arbre, d'où vient ta langueur?...
— Je ne suis plus dans ma patrie.

L'ALBUM.

Pour la quinzième fois, le soleil du 2 juin avait brillé pour Emilie; elle s'éveillait heureuse: c'était le jour de sa fête, et ses bons parents étaient dans l'usage de lui procurer à cette époque quelque récréation nouvelle.

Après avoir assisté au saint Sacrifice de la messe,

qui devait se célébrer à son intention, et sanctifié par là une journée qui lui semblait si délicieuse, elle devait jouir en toute liberté des plaisirs de son âge, et les varier à l'infini.

Occupée de ces riantes pensées, embellissant déjà son avenir de tout le prestige des illusions, Emilie trouve sur sa table à toilette des fleurs, et au milieu d'elles un album richement orné : c'était le cadeau du grand-père.

Chaque année, ce digne vieillard donnait à sa chère petite-fille un nouveau gage de sa tendresse. Dans les premières années de son âge, c'étaient des poupées et des joujoux; aux hochets de l'enfance s'étaient joints depuis peu quelques bijoux; et les caprices de la mode promettaient au bon père une grande facilité de varier ses présents. Mais, d'un regard observateur, il avait cru découvrir en Emilie un germe secret de coquetterie, défaut si naturel aux femmes, et il en avait été alarmé. Indulgent pour les fautes de la jeunesse qui se trouvaient une suite de l'impétuosité de l'âge, il ne pouvait tolérer celles qui tendaient ouvertement à faire négliger les devoirs religieux et à substituer une vaine affectation aux charmes d'une aimable modestie; aussi voulut-il se hâter d'y remédier en donnant une agréable leçon à sa chère enfant. Elle s'attendait à recevoir pour sa fête une parure nouvelle : elle trouva un livre; il était rempli de fleurs parfaitement représentées, au bas desquelles se trouvaient quelques préceptes moraux. J'en ai fait l'extrait que je vais rapporter ici.

L'ALBUM D'ÉMILIE

OU

LES NOUVELLES LEÇONS DE LA NATURE

PAR UN BON PÈRE.

A

AUBÉPINE (1). (JEUNESSE.)

Souvenez-vous de votre Créateur pendant les jours de votre jeunesse.

Eccl. XII. 1.

ANÉMONE. (SAGESSE.)

La sagesse est plus estimable que la force.

Sap. VI. 1.

ABSINTHE. (ABSENCE.)

Celui qui médit des absents ne doit point s'asseoir à ma table.

Traduction du distique écrit sur la table de S. Augustin.

(1) L'emblème ordinaire des fleurs ou les significations qu'on leur donne se trouvent entre les deux parenthèses.

ACACIA PUDIQUE. (PUDEUR.)

La femme sainte et remplie de pudeur est une grâce qui surpasse toute grâce.

Eccl. XXVI. 19.

—

ACANTHE. (ART.)

Chaque ouvrier habile en son art prie en travaillant; il applique son âme aux travaux de son état, et tâche d'y vivre selon la loi du Très-Haut.

Eccl. XXXVIII. 35 et 39.

—

ACHILLÉE MILLE-FEUILLES. (GUERRE.)

On prépare un cheval pour le jour du combat; mais c'est le Seigneur qui sauve.

Prov. XXI. 31.

—

ADOXA MUSQUÉ. (FAIBLESSE.)

Lorsque le sentiment de ma misère se réveille, et que ma raison me paraît obscurcie et couverte de ténèbres, je me cherche et je tâche de me retrouver moi-même; car souvent, mon Dieu, je me sens si faible et si misérable, que je ne sais plus ce qu'est devenue votre servante, elle qui croyait avoir reçu de vous assez de grâces pour soutenir tous les orages et toutes les tempêtes du monde.

Ste Thérèse.

—

AJONCS. (JALOUSIE.)

La femme jalouse est la douleur et l'affliction du cœur.

Eccl. XXVI. 8.

—

ALYSSE DES ROCHERS. (TRANQUILLITÉ.)

Quand une armée ennemie camperait autour de moi, mon cœur ne serait point effrayé; car le Seigneur est ma lumière et mon salut; qui pourrais-je craindre?

Ps. XXVI. 3 et 17.

AMANDIER. (ÉTOURDERIE.)

L'étourdi répand tout ce qu'il a dans l'esprit; le sage ne se hâte pas, et se réserve pour l'avenir.

Prov. XXIX. 11.

AMARYLLIS. (FIERTÉ.)

L'humiliation suivra le superbe, et la gloire sera le partage de l'humble d'esprit.

Prov. XXIX. 23.

ANACARDE. (PERFECTION.)

Soyez parfaits comme votre Père céleste est parfait.

Evang. selon S. Matth. V. 48.

ANÉMONE DES PRÉS. (MALADIE.)

Ne soyez point paresseux à visiter les malades, car c'est ainsi que vous vous affermirez dans la charité.

Eccl. VII. 39.

ANCOLIE. (FOLIE.)

La folie est liée au cœur de l'enfant; la verge de la discipline l'en chassera.

Prov. XXII. 15.

ASPHODÈLE. (RÉSURRECTION.)

Je sais que mon Rédempteur est vivant, et que je ressusciterai au dernier jour.

Job. XIX. 25.

B

BLUET. (FRANCHISE.)

Le Seigneur hait la langue amie du mensonge.

Prov. VI. 16 et 17.

BELLADONE. (MÉCHANCETÉ.)

Vous connaîtrez les méchants à leurs fruits.

S. Matth. VII. 16.

BAGUENAUDIER. (AMUSEMENTS FRIVOLES.)

Les mondains ont dit : « Faisons tomber le juste dans nos piéges, car ils nous considèrent comme des gens qui ne s'amusent qu'à des niaiseries. »

Sag. II. 12 et 26.

BALSAMINE. (IMPATIENCE.)

L'impatience fait commettre des actes de folie.

Prov. XIV. 17.

BAOBAB. (GRANDEUR.)

Dieu n'a égard à la grandeur de personne, car il a fait également les grands et les petits, et il a soin de tous; mais les grands sont menacés des supplices les plus grands.

Sag. VI. 8 et 9.

BASILIC. (HAINE.)

Il y a des justes et des sages; leurs œuvres sont entre les mains de Dieu; et cependant l'homme ne sait s'il est digne d'amour ou de haine.

Eccl. IX. 1.

—

BAUME. (GUÉRISON.)

Ce ne sont ni des plantes ni des fomentations qui les ont guéries, mais votre parole qui guérit toutes choses, ô Seigneur.

Sag. XVI. 22.

—

BELLE-DE-NUIT. (TIMIDITÉ.)

Pourquoi êtes vous timides? n'avez-vous pas encore de foi?

S. Marc. IV. 40.

—

BRIZE TREMBLANTE. (FRIVOLITÉ.)

Ne vous glorifiez point de votre parure, car les ouvrages du Très-Haut sont seuls admirables et glorieux, et ils sont cachés et invisibles.

Eccl. XI. 4.

—

BUGLOSSE. (MENSONGE.)

Les lèvres menteuses sont en abomination au Seigneur; mais les personnes sincères lui sont agréables.

Prov. XII. 22.

—

BUGRANE. (OBSTACLE.)

La conquête du royaume du ciel vous présente de grands obstacles : c'est par de violents efforts qu'on les surmonte.

S. Matth. XI. 12.

C

CAPUCINE. (DISCRÉTION.)

Parlez de vos affaires à un ami, n'en entretenez point un étranger.

Prov. X. 14.

CLOCHETTE. (BAVARDAGE.)

Les longs discours ne sont point exempts de péchés.

Prov. X. 19.

CAMPANULLE. (RECONNAISSANCE.)

Vous tous qui craignez le Seigneur, venez, écoutez, et je vous raconterai les grandes choses qu'il a faites pour mon âme.

Ps. LXV. 15.

CAPILLAIRE. (SECRET.)

Quiconque révèle les secrets de son ami perd sa confiance et ne doit plus s'attendre à trouver un ami selon son cœur.

Eccl. XXVII. 17.

CENTAUREE, *herbe du Grand-Seigneur*.
(FÉLICITÉ.)

Quand un homme est heureux, ses ennemis sont tristes; quand il est malheureux, on connaît quel est son ami.

Eccl. XII. 9.

CERISIER. (BONNE ÉDUCATION.)

Le cœur des sages recherche l'instruction, la bouche des insensés se repaît d'ignorance.

Prov. XV. 14.

CHARDON-CARDÈRE. (PROVIDENCE.)

Qui prépare à l'oiseau sa nourriture, lorsque ses petits crient vers Dieu et vont errants, n'ayant rien à manger?...

Job. XXXVIII. 41.

CHICORÉE. (FRUGALITÉ.)

Une personne frugale jouit d'un sommeil salutaire; elle dort jusqu'au matin, et son âme se réjouit en elle-même.

Eccl. XXXI. 24.

CLÉMATITE, *toujours verte*. (PAUVRETÉ.)

Où la femme n'est point soupire l'indigent.

Eccl. XXXVI. 27.

Celui qui ferme l'oreille au cri du pauvre criera lui-même et ne sera point écouté.

Prov. XXI. 23.

CIRCÉE. (SORTILÉGE.)

L'ensorcellement des niaiseries empêche de voir le bien.

Sag. IV. 12.

COSSE DE GENÊT. (HUMILITÉ.)

La prière d'un cœur qui s'humilie perce les nues; il ne se retire point que le Très-Haut ne l'ait regardé.

Eccl. XXXVI. 24.

CHRYSANTHÈME BLANCHE. (CHASTETÉ.)

O qu'elle est belle la jeunesse chaste et noble! sa mémoire est immortelle, car elle est connue de Dieu et des hommes; on l'imite lorsqu'elle est présente, on la regrette quand elle se retire; et une éternelle couronne est le prix des combats qu'elle a livrés pour se conserver triomphante et pure.

Sag. VI. 1 et 2.

CUSCUTE. (BASSESSE.)

Il en est qui s'abaissent d'une manière vicieuse et qui sont au fond remplis de tromperie.

Eccl. XIX. 23.

CYPRÈS. (DEUIL.)

Il vaut mieux aller à une maison de deuil qu'à une maison de festin; car, dans celle-là, on est averti de la fin de tous les hommes, et les vivants pensent alors à ce qui doit leur arriver un jour.

Eccl. VII. 3.

D

DATURA. (CORRUPTION.)

Que la sagesse vous garde des femmes inconnues, à langage doux et flatteur.

Prov. VII 5.

DAHLIA. (DÉSIR DE PLAIRE.)

Ne cherchez point pour ornement la frisure des cheveux, les bijoux, la richesse des habits, mais plutôt les dons du cœur et de l'esprit.

S. Pierre. I. Ep. III. 3 et 4.

E

ÉGLANTINE. (SIMPLICITÉ.)

La simplicité des justes les conduira heureusement.

Prov. XI. 3.

ÉPHÉMÈRE DE VIRGINIE.
(LES ATTRAITS DU JEUNE AGE.)

Au lever du soleil, l'herbe se sèche, la fleur tombe et perd toute sa beauté.

S. Jacques I. 11.

ÉNOTHÈRE A GRANDES FLEURS.
(INCONSTANCE.)

Vous avez abandonné votre prochain, comme un oiseau

qu'on tenait et qu'on laisse s'envoler; vous ne le reprendrez plus. Il fuit comme une proie qui a rompu le filet, car vous avez blessé son âme.

Eccl. xxvii. 21 et 22.

F

FLEUR D'ORANGE. (BONTÉ.)

Elle a ouvert sa main à l'indigent; elle a étendu ses bras vers le pauvre.

Prov. xxxi. 20

FRAXINELLE. (COLÈRE.)

L'homme conserve sa colère contre un homme, et il ose demander à Dieu d'être guéri. Quoi! il n'a pas de compassion pour son semblable, et il ose demander à Dieu miséricorde! Quelle prière lui obtiendra le pardon de ses péchés?

Eccl. xxviii. 3 et 5.

G

GIROFLÉE. (DOUCEUR.)

Une parole douce apaise la colère.

Prov. xv. 1.

GÉRANIUM. (CAUSTICITÉ.)

La malice du méchant retombera sur lui.

Prov. xi. 6.

GENÉVRIER. (SALLE D'ASILE.)

Mon père et ma mère m'ont abandonné, mais le Seigneur m'a reçu entre ses bras.

Ps. XXVI. 16.

GRENADILLE BLEUE. (FOI.)

La foi subsistera éternellement.

Eccl. XL. 12.

H

HORTENSIA. (FROIDEUR.)

Si vous n'aimez pas votre frère que vous voyez, comment aimerez-vous Dieu que vous ne voyez pas?

I S. Jean. IV. 20.

HÉMÉROCALLE. (PRUDENCE.)

Travaillez à acquérir et la sagesse et la prudence.

Prov. IV. 5.

HÉLIOTROPE. (OBJET ENIVRANT.)

O qu'il est admirable le calice enivrant du Seigneur!

Ps. XXII. 7.

HOUBLON. (INJUSTICE.)

Celui qui sème l'injustice moissonnera les maux.

Prov. XXII. 8.

HERBE, *Gazon.* (UTILITÉ.)

Dieu fait naître le gazon pour les animaux, et l'herbe pour le service de l'homme.

Ps. CIII. 15.

I

IMMORTELLE. (PERSÉVÉRANCE.)

Persévérez dans la vertu jusqu'à l'avénement du Seigneur.

S. Jacques. V. 7.

IMPÉRIALE. (PUISSANCE.)

L'Agneau qui a souffert la mort est digne de recevoir la puissance, la divinité, la sagesse, la force, l'honneur, la gloire et la louange.

Apoc. V. 12.

IVRAIE. (VICE.)

Lorsque le méchant est descendu au dernier degré du vice, il méprise tout, mais l'ignominie et l'opprobre le suivent.

Prov. XVIII. 3.

J

JUSQUIAME. (PERFIDIE.)

Ne suivez pas la voie des impies, fuyez les méchants.

Prov. IV. 15.

JASMIN COMMUN. (AMABILITÉ.)

Le sage se rend aimable dans ses discours.

Eccl. XX. 13.

L'homme dont la société est aimable se fera chérir plus qu'un frère.

Prov. XVIII. 24.

JONC. (DOCILITÉ.)

Obéissez à vos supérieurs, et soyez-leur soumis, afin qu'ils s'acquittent avec joie et non avec tristesse de leur surveillance sur vos âmes, dont ils doivent rendre compte à Dieu.

Héb. XIII. 17.

JONQUILLE. (DÉSIR.)

Ne suivez pas tous vos désirs, et détournez-vous de votre propre volonté. Si vous contentez les désirs de votre âme, vous deviendrez la joie de vos ennemis.

Eccl. XVIII. 30.

JULIENNE. (FAUSSETÉ.)

Ceux qui sont dissimulés et doubles de cœur attirent sur eux la colère de Dieu.

Job. XXXVI. 13.

K

KETMIA. (NÉGLIGENCE.)

Celui qui méprise les petites choses tombera insensiblement.

Eccl. xx.

L

LIS. (CANDEUR.)

Celui qui aime la pureté de cœur, aura le Roi pour ami.

Ps. xxii. 2 et 3.

LILAS BLANC. (INNOCENCE.)

Qui montera sur la montagne du Seigneur? Celui dont les mains sont innocentes et le cœur pur.

Prov. xxiii.

LIANES. (NOEUDS.)

Les liens de la sagesse sont des ligatures salutaires.

Eccl. vi. 31.

LAVANDE. (MÉFIANCE.)

Si vous avez un ami, éprouvez-le et ne le croyez pas aisément.

Eccl. vi. 7.

M

MUGUET ANGULEUX. *Sceau de Salomon.*

(BONHEUR.)

Il est un héritage où rien ne peut ni se détruire, ni se corrompre, ni se flétrir, et qui nous est réservé dans les cieux.

S. Pierre I Ep. I 4.

MATRICAIRE. (PASSION.)

D'où viennent les guerres et les procès? n'est-ce pas des passions?

S. Jacques VI, 1.

MENIANTHE. (CALME, REPOS.)

Vous reposerez en paix; votre sommeil sera tranquille (si vous suivez les conseils de la sagesse).

Prov. III. 24.

MARRONNIER D'INDE. (LUXE.)

Un homme riche, vêtu de pourpre et de lin, se traitait magnifiquement tous les jours... Il mourut et fut enseveli dans l'enfer.

S. Luc. XVI. 19 et 22.

MÉLÈS. (AMBITION.)

Comment es-tu tombé du ciel, toi qui disais : « J'établirai mon trône au-dessus des astres de Dieu, je m'élèverai au-dessus des plus hautes nuées. » Et cependant tu as été précipité au fond du lac!

Isaïe. XIV. 12.

MENTHE. (VERTU.)

Avec le secours de Dieu, nous ferons des actes de vertu.

Ps. LIX. 13.

MIROIR DE VÉNUS. (FLATTERIE.)

Tenir à son ami des discours flatteurs, c'est tendre un filet à ses pieds.

Prov. XXIX. 5.

MORELLE, *douce-amère*. (VÉRITÉ.)

Suis-je devenu votre ennemi, parce que je vous ai dit la vérité?

S. Paul aux Gal. IV. 6.

MOUSSE. (AMOUR MATERNEL.)

Une mère peut-elle oublier son enfant? Et quand elle l'oublierait, je ne vous oublierai jamais, dit le Seigneur.

Isaïe. XLIX. 15.

N

NARCISSE. (AMOUR-PROPRE.)

Ne soyez point sage à vos propres yeux.

Prov. III. 7.

O

OEILLET BLANC. (FIDÉLITÉ.)

Ne différez point d'accomplir ce que vous avez promis à Dieu.

Eccl. v. 3.

OLIVIER. (PAIX.)

Je vous donne la paix, mais non comme le monde la donne.

S. Jean. XIV. 27.

OEILLET D'INDE. (AVERSION.)

L'aversion des enfants pour les conseils de la sagesse est cause de leur perte. Jusques à quand, ô jeunesse, aimerez-vous les puérilités? Etourdis, jusques à quand aimerez-vous ce qui vous nuit? Imprudents, jusques à quand haïrez-vous la science?

Prov. I. 32 et 22.

OEILLET MIGNARDISE. (ENFANTILLAGE.)

Quand j'étais enfant, je jugeais en enfant, je raisonnais en enfant; mais en arrivant à l'âge de raison, j'ai rejeté tout ce qui appartenait à l'enfance.

1 Cor. XIII. 11.

OPHRYS-MOUCHE. (ERREUR.)

Nous ne vous avons pas prêché une doctrine d'erreur ni de tromperie; mais comme Dieu nous a choisis pour nous confier son Evangile, nous parlons, non pour plaire aux créatures, mais pour plaire à Dieu qui éprouve nos cœurs.

1 Thes. II. 3.

P

PRIMEVÈRE. (ESPÉRANCE.)

Ne vous laissez point abattre comme ceux qui sont sans espérance.

1 Thes. IV. 13.

PENSÉE. (SOUVENIR.)

Ecoutez les instructions de votre père; n'oubliez jamais les avis de votre mère.

Prov. I. 8.

PALME. (GLOIRE.)

Toute chair n'est que de l'herbe; et toute sa gloire est comme la fleur des champs.

Isaïe. XL. 6.

PATIENCE. (PATIENCE.)

L'homme patient vaut mieux que l'homme vaillant, et le vainqueur de soi-même est préférable au conquérant des villes.

Prov. XVI. 32.

PERCE-NEIGE. (CONSOLATION.)

Seigneur, vos consolations ont réjoui mon âme à proportion des nombreux chagrins qui avaient pénétré dans mon cœur.

Ps. CXIII. 19.

PERSIL. (FESTIN.)

Tel est ami au temps du festin, qui ne le sera plus au temps de la nécessité.

Eccl. VI. 10.

PEUPLIER. (TEMPS.)

Faites vos bonnes œuvres avant que le temps ne soit passé, et Dieu vous en donnera la récompense dans l'éternité.

Eccl. LI. 38.

PEUPLIER TREMBLE. (GÉMISSEMENT.)

Le Saint-Esprit vient au secours de notre faiblesse; car nous ne savons ce qu'il faut demander dans nos prières, mais l'Esprit-Saint le demande pour nous avec des gémissements ineffables.

Rom. VIII 26.

PIED-D'ALOUETTE. (LÉGÈRETÉ.)

Une personne légère commet de grandes fautes pour badiner.

Prov. X. 23.

PIVOINE. (HONTE.)

Ayez de la honte pour ce que je vais vous dire (car il n'est pas bon d'en avoir pour tout, et il y a de bonnes choses qui ne plaisent-pas à tout le monde). Rougissez d'adresser à vos amis des paroles offensantes, et de reprocher ce que vous avez donné.

Eccl. XLI. 19, 20 et 18.

R

ROSE. (BEAUTÉ.)

La grâce est trompeuse, la beauté vaine; la femme qui craint le Seigneur mérite seule d'être louée.

Prov. XXXI. 30.

RÉSÉDA. (VERTUS CACHÉES.)

Beaucoup de filles ont amassé des richesses, mais la femme vertueuse les a toutes surpassées.

Prov. XXXI. 29.

RENONCULE SCÉLÉRATE. (INGRATITUDE.)

Le malheur ne sortira jamais de la maison de l'ingrat, qui rend le mal pour le bien.

Prov. XXVII. 13.

ROMARIN. (COURAGE.)

Agissez avec courage, que votre cœur se fortifie, comptez sur l'aide du Seigneur.

Ps XXVI. 20.

RONCE. (ENVIE.)

L'envie et la colère abrégent les jours, et l'inquiétude amène la vieillesse avant le temps.

Eccl. xxx. 26.

ROSEAU. (TRAHISON.)

Le roseau brisé trompe celui qui s'appuie dessus, et lui perce la main.

Isaïe. XXXVI. I. 6.

ROSE OUVERTE. (GRACE.)

La femme gracieuse obtiendra de la gloire.

Prov. XI. 16.

RUE. (PURIFICATION.)

Donnez l'aumône de ce que vous avez, et toutes choses vous seront pures. Mais malheur à vous, qui payez la dîme de la menthe, de la rue et des autres herbes, et qui négligez la justice et l'amour de Dieu! c'est là ce qu'il fallait pratiquer, sans omettre les autres choses.

S. Luc. XI. 42.

Qui est-ce qui connaît ses fautes? Purifiez-moi, mon Dieu, de celles qui sont cachées en moi.

Ps. XVIII. 13.

S

SERINGAT. (AMOUR FRATERNEL.)

Aimez-vous les uns les autres, comme je vous ai aimés.

S. Jean. XIII. 34.

SOUCI. (TRISTESSE.)

Evitez la tristesse, elle ronge le cœur.

Prov. XXV. 20.

SAINFOIN OSCILLANT. (AGITATION.)

Les impies ressemblent à une mer agitée qui ne peut se calmer et dont les flots retombent en se brisant sur la fange.

Isaïe. LVII. 20.

SARDONIE. (IRONIE.)

Vous aurez méprisé mes conseils et mes réprimandes, dit la Sagesse ; je rirai aussi à votre mort, et je vous insulterai.

Prov. I. 26.

SAUGE ÉCLATANTE. (ZÈLE.)

Le zèle de votre maison m'a dévoré.

Ps. LXVIII. 10.

SAULE-PLEUREUR. (MÉLANCOLIE.)

Assis aux bords des fleuves de Babylone, nous versions des larmes en nous souvenant de Sion. Nous avions suspendu nos harpes aux saules du rivage, car les vainqueurs qui nous traînaient en captivité, nous demandaient de chanter nos cantiques. — Eh! comment répéter les hymnes du Seigneur sur une terre étrangère?

Ps. cxxxvi. 1, 3.

SCABIEUSE. (VEUVE.)

Le Seigneur détruira les palais des superbes, et il affermira l'héritage de la veuve.

Prov. xv. 25.

SENSITIVE. (SENSIBILITÉ.)

Le juste ménage la vie des animaux mêmes qui lui appartiennent, mais les entrailles de l'impie sont cruelles.

Prov. xii. 10.

SERPENTAIRE. (HORREUR.)

Dieu a également en horreur l'impie et son impiété.

Sag. xiv. 9.

SOUCI PLUVIATILE. (PRÉSAGE.)

Vous dites, le soir : « Il fera beau, car le ciel est rouge; » et vous dites, le matin : « Nous aurons de l'orage, car le ciel est sombre et enflammé. » Vous savez bien reconnaître ce que présagent les diverses apparences du ciel, et vous fermez les yeux aux signes de la prophétie.

S. Matth. xvi. 2 à 4.

T

TULIPE. (ORGUEIL.)

Où sera l'orgueil, sera la confusion.

Prov. XI. 2.

—

TOURNESOL. (FORTUNE.)

Les richesses ne serviront de rien au jour de la vengeance.

Prov. XI. 4.

—

THUYA. (VIEILLESSE.)

La vieillesse est une couronne d'honneur quand elle suit les voies de la justice.

Prov. XVI 31.

—

THYM. (ACTIVITÉ.)

Avez-vous vu un homme prompt à faire ses œuvres ? Il paraîtra devant les rois, et non devant la foule populaire.

Prov. XXII. 29.

—

V

VIOLETTE. (MODESTIE.)

Les fruits de la modestie sont la crainte du Seigneur, la richesse, la gloire et la vie.

Prov. XXII. 4.

—

VIOLIER. (ATTACHEMENT.)

Pour moi, je suis comme l'olivier qui porte du fruit dans la maison de Dieu; j'ai établi pour toute l'éternité mon espérance en lui.

Ps. 51.

VIGNE. (IVRESSE.)

La femme qui s'adonne au vin est un sujet de grande colère, et d'injures atroces ; sa honte ne sera point cachée.

Eccl. XXVI. 11.

VIGNE-ALLELUIA. (JOIE.)

L'âme joyeuse rend la jeunesse florissante; l'âme triste dessèche les os.

Prov. XXVII. 22.

Y

YEUSE. (INUTILITÉ.)

Tout arbre qui ne porte pas de bons fruits, sera coupé et jeté au feu.

S. Matth. VII. 19.

Z

ZINNIA. (RÉSIGNATION.)

Heureuse l'âme qui s'abandonne à la Providence de Dieu, afin qu'il dispose d'elle comme il lui plaira, et qui, dans tout ce qui lui arrive, ne voit que sa main paternelle.

Maximes chrétiennes.

DICTIONNAIRE

DU LANGAGE DES FLEURS

A

Absence.	Absynthe.
Activité.	Thym.
Agitation.	Sainfoin oscillant.
Amabilité.	Jasmin commun.
Ambition.	Mélèse.
Amour fraternel.	Seringat.
Amour maternel.	Mousse.
Amour-propre.	Narcisse.
Amusement frivole.	Baguenaudier.
Art.	Acanthe.
Asile, secours.	Genevrier.
Attachement.	Violier.
Attraits du jeune âge.	Ephémère de Virginie.
Aversion.	Œillet d'Inde.

B

Bassesse.	Cuscute.
Bavardage.	Clochette.
Beauté.	Rose ouverte.
Bonheur.	Muguet. *(Sceau de Salomon.)*
Bonne éducation.	Cerisier.
Bonté, générosité.	Fleur d'orange.

C

Calme, repos.	Ménianthe.
Candeur, pureté.	Lis blanc.
Causticité.	Géranium.
Charité.	Lobélia fulgens.
Chasteté.	Chrysanthème blanche d'Inde.
Colère.	Fraxinelle.
Consolation.	Perce-neige.
Corruption.	Datura.
Courage.	Romarin.

D

Désir.	Jonquille.
Désir de plaire.	Dahlia.
Deuil.	Cyprès.
Discrétion.	Capucine.
Docilité.	Jonc.
Douceur.	Giroflée.

E

Enfantillage.	OEillet mignardise.
Enivrement.	Héliotrope.
Envie.	Ronce.
Erreur.	Ophrys-mouche.
Espérance.	Primevère.
Etourderie.	Amandier.

F

Faiblesse.	Adoxa musqué.
Fausseté.	Julienne.
Félicité.	Centaurée.
Festin.	Persil.

Fidélité, bonne foi.	OEillet blanc.
Fierté.	Amaryllis.
Flatterie.	Miroir de Vénus.
Foi. *(Croyance.)*	Grenadille bleue.
Folie.	Ancolie.
Fortune.	Tourne-sol
Franchise.	Bluet.
Frivolité.	Brize tremblante.
Froideur	Hortensia.
Frugalité.	Chicorée.

G

Gémissement.	Peuplier-tremble.
Gloire.	Palmier.
Grâce.	Rose de mai.
Grandeur.	Baobab.
Guérison.	Baume.
Guerre.	Achillée mille-feuilles.

H

Haine.	Basilic.
Hermitage.	Polygala.
Honte.	Pivoine.
Horreur.	Serpentaire.
Humilité.	Cosse de genêt.

I

Immortalité.	Amaranthe.
Impatience.	Balsamine.
Inconstance.	Enothère à grandes fleurs.
Ingratitude.	Renoncule scélérate.
Injustice.	Houblon.

Innocence.	Lilas blanc.
Inutilité.	Yeuse.
Ironie.	Sardonie.
Ivresse.	Vigne.

J

Jalousie.	Ajoncs.
Jeunesse.	Aubépine.
Joie.	Vigne-alleluia.

L

Légèreté.	Pied-d'alouette.
Luxe.	Marronnier d'Inde.

M

Maladie.	Anémone des prés.
Méchanceté.	Belladone.
Méfiance.	Lavande.
Mélancolie.	Saule-pleureur.
Mensonge.	Buglosse.
Modestie.	Violette.

N

Négligence.	Ketmie.
Nœuds.	Liane.

O

Obstacle.	Bugrane.
Orgueil.	Tulipe.

P

Paix.	Olivier.
Passion.	Matricaire.
Patience.	Patience.
Pauvreté.	Clématite toujours verte.
Perfection.	Anacarde.
Perfidie.	Jusquiame.
Persévérance.	Immortelle.
Providence.	Chardon.
Présage.	Souci pluviatile.
Prudence.	Hémérocalle.
Pudeur.	Acacia pudique.
Puissance.	Impériale.
Purification.	Rue.

R

Reconnaissance.	Campanulle.
Refroidissement.	Laitue.
Résignation.	Zinnia.
Résurrection.	Asphodèle blanc.

S

Sagesse.	Anémone.
Secret.	Capillaire.
Sensibilité.	Sensitive.
Simplicité.	Eglantier.
Sortilége.	Circée.
Souvenir.	Pensée.

T

Temps.	Peuplier blanc.
Timidité.	Belle de nuit.

Trahison.	Roseau.
Tranquillité.	Alysse des roches.
Tristesse.	Souci.

U

Utilité.	Herbe, gazon.

V

Vengeance.	Iris flambe.
Vérité.	Morelle douce amère.
Vertu.	Menthe.
Vertus cachées.	Réséda.
Veuve.	Scabieuse.
Vice.	Ivraie.
Vie.	Luzerne.
Vieillesse.	Thuya.

Z

Zèle	Sauge éclatante.

FIN.

— LILLE. TYP. J. LEFORT. MDCCCLXXIII —

A LA MÊME LIBRAIRIE :

En envoyant le prix en un mandat sur la poste ou en timbres-poste, on recevra *franco* à domicile.

Volumes in-8° à 60 cent.

Clef des Cœurs (la); par Mme Bourdon.

Derniers Jours de la Commune (les); par Edouard Delalain.

Episode du siége d'Antioche, ou le Martyr de la Croix; par Brasseur.

Epreuves de Harry Morton (les); par Bouttier.

Grignion de Montfort (le Vénérable; par M. l'abbé Petit.

Héros-Martyr de Famagouste (le); par A. S. de Doncourt.

Jeune Botaniste (le).

Ordre et Désordre; par M. de Montaigu

Pèlerinage à N.-D. de Lourdes; par Mlle Amory de Langerack.

Père des Auvergnats (le); par Paul Jouhanneaud.

Saint François de Sales, évêque et prince de Genève.

Saint François-Xavier, apôtre des Indes; d'après l'abbé Bouhours.

Saint Louis de Gonzague; par l'abbé Gillet.

Saint Stanislas Kostka; par Mme Bourdon.

Sélim, ou le Pacha de Salonique; par M. Brasseur.

Sainte Catherine de Sienne.

Sainte Geneviève, patronne de Paris; par Mme Bourdon.

Table de Sapin (la); par la même.

Tueur d'hyènes (le); par M. Monot.

Wilhem, ou le Pardon du chrétien.

— LILLE. TYP. J. LEFORT —

www.ingramcontent.com/pod-product-compliance
Ingram Content Group UK Ltd.
Pitfield, Milton Keynes, MK11 3LW, UK
UKHW020343180726
13839UKWH00002B/880

9 782329 427911